Dereje Shanka

Contribuições das tecnologias de baixo consumo para uma produção vegetal sustentável

Dereje Shanka

Contribuições das tecnologias de baixo consumo para uma produção vegetal sustentável

ScienciaScripts

Imprint

Any brand names and product names mentioned in this book are subject to trademark, brand or patent protection and are trademarks or registered trademarks of their respective holders. The use of brand names, product names, common names, trade names, product descriptions etc. even without a particular marking in this work is in no way to be construed to mean that such names may be regarded as unrestricted in respect of trademark and brand protection legislation and could thus be used by anyone.

Cover image: www.ingimage.com

This book is a translation from the original published under ISBN 978-3-330-08915-0.

Publisher:
Sciencia Scripts
is a trademark of
Dodo Books Indian Ocean Ltd. and OmniScriptum S.R.L publishing group

120 High Road, East Finchley, London, N2 9ED, United Kingdom
Str. Armeneasca 28/1, office 1, Chisinau MD-2012, Republic of Moldova, Europe
Printed at: see last page
ISBN: 978-620-7-44256-0

ÍNDICE DE CONTEÚDOS

1. INTRODUÇÃO

A população mundial duplicou nas últimas cinco décadas (Wik *et al.*, 2008). Apesar disso, com as tecnologias da revolução verde, que envolveram a utilização de factores de produção elevados, como sementes melhoradas, fertilizantes, pesticidas e água de irrigação, foi possível aumentar a produção mundial per capita em 24% e 40%. Esta abordagem, que implica a utilização de factores de produção de alto nível, designada por agricultura de alto nível de factores de produção externos (HEIA), é de difícil acesso para a maioria da população mundial, uma vez que exige um elevado investimento de capital e infra-estruturas económicas e físicas funcionais para a sua aplicação efectiva (Pretty, 1999, citado por Graves *et al.*, 2004).

Além disso, ao ritmo atual de crescimento, prevê-se que, em 2050, a população mundial atinja nove a dez mil milhões de pessoas (Wik *et al., 2008)*. Consequentemente, para alimentar a população mundial em crescimento, será necessário duplicar a produção até 2050, o que, por sua vez, implica um aumento da procura de biocombustíveis, o que poderá aumentar ainda mais a pressão sobre os factores de produção, os preços dos produtos agrícolas, a terra e a água (Hosam *et al.*, 2010). Para agravar a situação na África Subsariana, a crescente pressão populacional também contribuiu para a escassez de terras, o que, por sua vez, levou ao declínio do rendimento, do crescimento e da fertilidade do solo (Grhun *et al.*, 2000).
Num padrão semelhante, na Etiópia também a população está a crescer a um ritmo acelerado, enquanto a terra disponível para a produção agrícola é limitada e a utilização de variedades de culturas de maior rendimento e de fertilizantes tem sido considerada crítica para satisfazer a procura nacional de alimentos (Beyene *et al.*, 2008).

Consequentemente, as práticas tradicionais, como as queimadas, os resíduos de culturas e os estrumes de animais, não são mais eficazes para melhorar o estado de fertilidade do solo e repor os nutrientes perdidos, o que se combina também com o fornecimento insuficiente de fertilizantes inorgânicos, particularmente na África

Subsariana (Grhun *et al.*, 2000), resultando no declínio do rendimento das culturas e na incapacidade de satisfazer a crescente procura de alimentos.

Por outro lado, embora existam histórias de sucesso com a adoção da revolução verde no combate à insegurança alimentar rural, a revolução verde tem os seus próprios inconvenientes, na medida em que afecta negativamente a saúde humana e o ambiente (Menale e Zikhali,
2008) . Além disso, as técnicas agrícolas modernas caracterizam-se pela utilização de quantidades excessivas de fertilizantes, que estão sujeitos a perda por erosão, agravando os problemas de poluição ambiental (Rodriguez *et al.*, 2004). Consequentemente, a intensificação e a expansão da agricultura destruíram a biodiversidade e os habitats, levaram à extinção de espécies selvagens, aceleraram a perda de serviços de produção ambiental e corroeram os recursos genéticos agrícolas essenciais para a segurança alimentar no futuro (Hosam *et al.*, 2010).

Além disso, os efeitos adversos da utilização de factores de produção agrícola externos elevados estão, por conseguinte, principalmente associados a efeitos ambientais e ecológicos que, em última análise, resultam também em problemas de saúde (tanto dos seres humanos como dos animais) (Weil, 1990; Garge *et al.*, 2006; Hosam *et al.*, 2010). Do mesmo modo, a aplicação e utilização intempestivas e inadequadas de pesticidas, que impõem custos desnecessários e causam danos aos consumidores, à vida selvagem, etc., é outro exemplo (Weil, 1990). Além disso, os pesticidas e outros produtos químicos causam danos ambientais graves e extensos que, por sua vez, provocam riscos para a saúde. Os resultados da investigação a longo prazo revelaram que a utilização contínua de fertilizantes inorgânicos em culturas contínuas pode levar à deterioração da qualidade do solo (Ano e Ubochi, 2007; Saha *et al,*
2009) . Por conseguinte, foi sugerida a utilização combinada de fontes de nutrientes orgânicos e inorgânicos para resolver esses problemas.

No entanto, atualmente, os efeitos adversos da utilização intensiva de fertilizantes no ambiente estão confinados a alguns países desenvolvidos e a algumas regiões dos países em desenvolvimento (Grhun *et al.,* 2000; Weil, 1990). Pelo contrário, em muitos países em desenvolvimento, os mercados de factores de produção não são fiáveis, são ineficientes e estão fora do alcance dos cultivadores de subsistência (Tripp, 2006).

Em suma, está a tornar-se discutível a utilização de factores de produção modernos ou a adoção de tecnologias com poucos factores de produção externos (Tripp, 2006). Por isso, especialmente na África Subsaariana, o uso criterioso de fertilizantes inorgânicos é uma questão exigente para aumentar a produção agrícola. Além disso, devem também ser feitas tentativas para integrar os fertilizantes inorgânicos, ou seja, a utilização de fertilizantes químicos, com outras técnicas orgânicas de melhoria da fertilidade do solo, que serão discutidas mais tarde em pormenor.

Por outras palavras, uma vez que a dependência exclusiva de técnicas com poucos factores de produção não pode, por si só, satisfazer a procura de nutrientes no solo para obter o rendimento esperado, as tecnologias com muitos factores de produção também não são uma opção para os pequenos agricultores devido ao custo e à disponibilidade e não são desejáveis devido aos problemas ambientais e de saúde que lhes estão associados. O desafio, portanto, é identificar as técnicas do continuum entre os dois extremos, que podem complementar-se mutuamente para alcançar uma produção suficiente e sustentável, independentemente de serem rotuladas de "orgânicas" ou "inorgânicas" (Graves *et al., 2005)*. Além disso, a tecnologia de baixo insumo externo (LEIT) pode beneficiar as famílias rurais mais pobres que não podem pagar insumos comprados (Tripp, 2006). Portanto, a aplicação de nutrientes disponíveis localmente a taxas mais altas através de técnicas agrícolas de baixo input externo combinadas com o uso ótimo de nutrientes externos parece ser a estratégia mais apropriada no ambiente económico existente (Jagera *et al.,* 2003).

Em suma, hoje em dia, as preocupações com o ambiente são cada vez maiores e são retiradas várias lições das limitações das tecnologias de factores de produção externos na resposta à questão da procura de alimentos, especialmente nos países industrializados. No entanto, as soluções tecnológicas correctas, combinadas com as orientações políticas correctas para o futuro, podem contribuir eficazmente para um sistema alimentar mundial sustentável e equitativo. Um novo sistema alimentar global deve assegurar que todos têm acesso a alimentos suficientes e que a pobreza deve ser reduzida significativamente sem causar danos ao ambiente natural (Hosam *et al.*, 2010) e a procura de opções tecnológicas mais ecológicas e sólidas é uma exigência premente.

Como resultado, a utilização de factores de produção não renováveis, como pesticidas e fertilizantes, que podem prejudicar o ambiente ou a saúde dos agricultores e dos consumidores, é minimizada e é dada maior ênfase à utilização de técnicas como, por exemplo, a consociação de culturas, a agrossilvicultura, as culturas de cobertura ou o estrume animal (Graves *et al.*, 2005). Assim, as desvantagens da utilização de produtos químicos em excesso e as histórias de sucesso de tecnologias de baixo consumo e de diferentes tipos de opções tecnológicas serão discutidas na secção seguinte.

2. EFEITOS DOS AGROQUÍMICOS

De um modo geral, as práticas agrícolas que implicam uma agricultura intensiva em toda a área, com elevados factores de produção, como fertilizantes, pesticidas e irrigação, têm um impacto negativo na biodiversidade, no solo, no clima, na água, na paisagem, na cultura rural, etc. (Oppermann, 2010).

A lixiviação e o escoamento do excesso de azoto e fósforo para os rios, lagos e enseadas a partir de bacias hidrográficas agrícolas podem causar problemas ambientais. Entre estes está a eutrofização, que se deve a uma acumulação excessiva de nutrientes na água que promove a produção excessiva de algas. O excesso de algas à superfície priva as plantas subaquáticas da luz solar, o que, por sua vez, altera o ciclo alimentar aquático. A decomposição de algas mortas por bactérias reduz a quantidade de oxigénio na água disponível para os peixes, o que pode potencialmente afetar a sua sobrevivência (Gruhn *et al.*, 2000; Weil, 1990).

A aplicação excessiva de fertilizantes N e de estrume está a contribuir para a poluição por nitratos. Embora a contribuição dos fertilizantes N para o N_2O seja considerada mínima, o N_2O é um gás com efeito de estufa e pode também contribuir para a destruição do ozono estratosférico quando é convertido em óxido nítrico (Byrnes, 1990). Além disso, a má gestão, como a utilização intensiva de fertilizantes contendo amoníaco, é outra causa da acidificação do solo, diminuindo o seu pH (Foth, 1990; Eyasu 2002; Certini e Scalenghe, 2006).

Além disso, os problemas relacionados com a saúde também são graves devido à poluição da água por aplicação excessiva de fertilizantes inorgânicos, especialmente N. Assim, o aumento das quantidades de azoto e, mais particularmente, de fósforo, numa massa de água, pode entrar a partir do escoamento proveniente dos campos agrícolas e a concentração excessiva de nitrato numa água poluída é muito perigosa, uma vez que pode causar metemoglobinemia, a doença do bebé azul em bebés, e outras doenças e distúrbios estomacais em adultos (Garge *et al.*, 2006).

Contrariamente a estes, o problema nas condições actuais da Etiópia não é grave, uma vez que a utilização de fertilizantes N e P é limitada (Beyene *et al.*, 2007). No entanto, existe um potencial de poluição devido à utilização inadequada desses fertilizantes, *ou seja,* aplicação intempestiva ou colocação incorrecta do fertilizante aplicado. Por conseguinte, há que trabalhar para melhorar a situação.

A aplicação de pesticidas de acordo com calendários de pulverização e não como último recurso em resposta a populações de pragas que comprovadamente excedem os limiares económicos é um exemplo disso mesmo: impõe custos desnecessários e apresenta riscos desnecessários para os trabalhadores agrícolas, a vida selvagem e os consumidores (Weil, 1990).

Abdollahi *et al.* (2004), que efectuaram uma revisão sobre a toxicidade dos pesticidas, concluíram que os mecanismos de toxicidade da maioria dos pesticidas, incluindo os organofosforados, os herbicidas bipiridílicos e os organoclorados, são atribuídos à estimulação da produção de radicais livres, à indução da peroxidação lipídica e à perturbação da capacidade antioxidante total do organismo.

Os efeitos nocivos dos insecticidas e pesticidas orgânicos sintéticos são enormes e persistem durante muito tempo no ambiente. Entre estes, vale a pena mencionar o DDT, que tem efeitos altamente tóxicos para a vida aquática, como os peixes, devido à poluição da água, e para as aves que comem esses peixes envenenados, devido à elevada concentração desses produtos químicos tóxicos. Da mesma forma, é possível assumir que os seres humanos que se alimentam desses peixes também são facilmente afectados devido às propriedades de biomagnificação do produto químico (Garge *et al.*, 2006).

Além disso, de acordo com a revisão de Cocco (2002), os estudos mais recentes levantaram a hipótese de que os derivados do DDT contribuem para o risco excessivo de cancro dos órgãos reprodutores. Esta hipótese também continua a ser mais aceite como um papel para a exposição de alto nível ao o,p'-DDE, particularmente no cancro da mama ER+ pós-menopausa.

Os compostos organoquímicos denominados hidrocarbonetos clorados utilizados na agricultura, como a alderina, o kepone, o clordano, o metoxi, o cloro, etc., são bastante nocivos devido à sua propriedade de biomagnificação, que ocorre nas aves, nos animais e nos seres humanos, e causam malformações congénitas, danos neurológicos, etc. Outro grupo de compostos químicos, os compostos químicos conhecidos como organofosfatos, como o paratião, o malatião, a diazonina, etc., se presentes na água, podem ser diretamente absorvidos através da pele, dos pulmões e do trato gastrointestinal. Os seres humanos expostos a quantidades excessivas de produtos químicos como o propoxer, o carboxil e o aldicarbe causam náuseas, vómitos e visão turva, etc. (Garge *et al.,* 2006).

Contudo, a gestão das pragas na agricultura dos pequenos agricultores etíopes depende fortemente dos métodos de cultivo e, em geral, a utilização de pesticidas pelos pequenos agricultores é limitada. As explorações agrícolas comerciais são os principais utilizadores de pesticidas e a sua utilização diminuiu de 4100 Mt na década de 1980 para 1 452 Mt na década de 1990, devido ao encerramento de muitas explorações agrícolas estatais. Quase 60% das importações de pesticidas são herbicidas durante 1998-2002, enquanto os insecticidas representaram outros 35% das importações (Beyene *et al.,* 2008). Embora, atualmente, a utilização de pesticidas não seja um problema grave no nosso país, as lições aprendidas de outras nações desenvolvidas e de alguns países em desenvolvimento devido à aplicação excessiva desses produtos químicos permitem que todos os organismos envolvidos dêem mais ênfase à minimização dos problemas associados à aplicação excessiva desses produtos químicos.

3. AGRICULTURA DE BAIXA ENTRADA EXTERNA

3.1. Conceitos de agricultura com poucos factores de produção externos

De acordo com alguns académicos, o conceito de tecnologias com poucos factores de produção externos inclui uma vasta gama de técnicas de gestão das culturas que utilizam factores de produção e recursos locais e que têm em conta as consequências ambientais a longo prazo (Tripp, 2006).

Um sistema agrícola sustentável com baixo consumo de factores de produção é uma combinação e uma sequência de métodos ou tecnologias agrícolas com baixo consumo de factores de produção, integrados num plano de gestão de toda a exploração. Muitos dos conceitos subjacentes aos métodos agrícolas com poucos factores de produção, como a gestão integrada das pragas, as rotações de culturas e a aplicação de estrumes, a sementeira excessiva de leguminosas fixadoras de azoto, etc., são conhecidos há décadas ou mesmo séculos. No entanto, a essência desta abordagem não é um regresso às tecnologias de décadas ou séculos anteriores, mas uma combinação do melhor da ciência e da tecnologia agrícolas modernas com a experiência prática dos agricultores que estão a substituir de forma rentável a gestão da maior parte ou da totalidade dos factores de produção de pesticidas e   fertilizantes químicos sintéticos adquiridos (<<http : //ageconsearch.umn.edu/bitstream/17655/1/ar880134.p df>>).

O baixo consumo de energia não é um critério básico adequado de sustentabilidade, mas sim um dos vários meios possíveis para atingir os objectivos da sustentabilidade (Weil, 1999).

3.2. Casos de sucesso com a adoção de tecnologias de baixo input externo

As histórias de sucesso da adoção de uma agricultura com poucos factores de produção externos, como a gestão integrada das pragas, em diferentes países, também indicaram uma melhoria do rendimento das culturas, do rendimento familiar ou do nível de lucro e uma redução do nível de utilização de produtos químicos.

A investigação conduzida no Quénia sobre tecnologias agrícolas de baixo consumo de insumos também indicou aumentos significativos no rendimento e a possibilidade de obter retornos económicos com níveis relativamente elevados de aplicação de composto ((Jagera *et al.*, 2003). Contudo, a disponibilidade de material e de mão de obra depressa se tornaram factores limitantes.

Além disso, um outro sucesso muito interessante de técnicas agrícolas com poucos factores de produção externos ocorreu nas Honduras, onde a cultura de relé de Mukuna *(Mucuna deeringianum)*, o feijão fertilizante, foi introduzida no milho da estação seca, o que foi inteiramente feito por transferência de agricultor para agricultor. Após a colheita, a *Mucuna* é deixada a crescer durante toda a estação húmida como adubo verde. É incorporada no solo no início da estação seca seguinte (Graves *et al.*, 2005).

3.3. Constrangimentos à adoção de tecnologias com poucos factores de produção externos

A adoção de tecnologias com poucos factores de produção é influenciada por muitos factores, entre os quais se podem mencionar as condições biofísicas, questões socioeconómicas como a terra, a mão de obra e questões económicas (Graves *et al.*, 2005). Consequentemente, os agricultores pobres em recursos, com pequenas dimensões de terra, não podem produzir a quantidade necessária de biomassa para melhorar a fertilidade do solo. Da mesma forma, uma vez que a maioria das tecnologias são de mão de obra intensiva, a falta de mão de obra também influencia a sua adoção. Finalmente, a viabilidade económica é também outro fator que influencia a sua adoção. Assim, se a tecnologia não for economicamente viável, é menos provável que seja adoptada.

Mais importante ainda, nas condições etíopes das terras altas da Etiópia, os resultados da investigação também indicaram que a adoção de várias técnicas com poucos factores de produção, como as culturas de cobertura e a incorporação de resíduos de culturas, está relacionada tanto com a dimensão da exploração agrícola e a disponibilidade de mão de obra como com as condições do solo (Amede, 2001). Além disso, Menale e Zikhali, (2009) indicaram que a adoção de técnicas como as culturas de cobertura e a incorporação de resíduos de culturas nas terras altas da Etiópia depende da dimensão da exploração e da disponibilidade de mão de obra, enquanto a adoção de tecnologias de compostagem depende da posse de gado.

Assim, seria difícil aplicar a tecnologia a grandes explorações, se não houver mão de obra suficiente. Mas, ainda assim, existe um potencial para os agricultores pobres em recursos e com pequenas explorações agrícolas adoptarem estas tecnologias, desde que outras condições biofísicas, que podem influenciar a adoção da tecnologia, não sejam limitantes.

Para além disso, os resultados da investigação na Tanzânia revelaram que existe falta de conhecimento sobre os meios eficazes para melhorar o solo, como a informação básica sobre a aplicação de estrume de quinta e a preparação de composto e serviços de extensão deficientes (Reyes, 2008).

4. TIPOS DE TECNOLOGIAS COM POUCOS FACTORES DE PRODUÇÃO EXTERNOS

4.1. Culturas intercalares

A cultura intercalar, que consiste em cultivar duas ou mais culturas ao mesmo tempo num único campo, é uma prática antiga ainda utilizada em grande parte do mundo em desenvolvimento (Machado, 2009).

A cultura intercalar consiste no cultivo de duas culturas na mesma parcela de terra num ano. As culturas intercalares oferecem aos agricultores a oportunidade de aplicar o princípio da diversidade da natureza nas suas explorações. A disposição espacial das plantas, as taxas de plantação e as datas de maturação devem ser consideradas no planeamento das culturas intercalares. As culturas intercalares podem ser mais produtivas do que os povoamentos puros (Sullivan, 2003) e descreveu algumas das disposições espaciais nas culturas intercalares da seguinte forma:

> ➢ Culturas intercalares em fileiras - cultivo de duas ou mais culturas ao mesmo tempo, com pelo menos uma cultura plantada em fileiras.
> ➢ Cultura intercalar em faixas - cultivo de duas ou mais culturas em faixas suficientemente largas para permitir a produção separada de culturas utilizando máquinas, mas suficientemente próximas para que as culturas interajam.
> ➢ Culturas intercalares mistas - cultivo de duas ou mais culturas em conjunto, sem uma disposição distinta das fileiras.
>
> ➢ Culturas intercalares de retransmissão - plantação de uma segunda cultura numa cultura em pé, numa altura em que esta se encontra na sua fase reprodutiva, mas antes da colheita.

Figura 1. Culturas de cevada, soja e milho num sistema de consociação em faixas de 15 pés no Nordeste do Iowa. (Adotado de <http://www.extension.iastate.edu/publications/pm1763.pdf>) .

4.1.1. Benefícios da cultura intercalar

A cultura intercalar tem várias vantagens sobre a monocultura, que incluem uma maior eficiência no uso da terra, maior estabilidade de rendimento e maior capacidade competitiva em relação às ervas daninhas (Hailu, 2015). Diferentes tipos de práticas de culturas intercalares oferecem uma multiplicidade de benefícios aos agricultores em comparação com a cultura única. Assim, alguns dos principais benefícios obtidos pela cultura intercalar são discutidos a seguir:

4.1.1.1. Redução da perda total de colheitas

Em zonas onde existem problemas de flutuações climáticas, sujeitas a condições climatéricas extremas, como geadas, secas e inundações. A cultura intercalar proporciona um seguro contra o fracasso da colheita ou contra a instabilidade dos preços de mercado de um determinado produto (Lithourgidis *et al.*, 2011).

Na cultura intercalar, os cereais e as leguminosas misturam-se frequentemente, provavelmente por razões dietéticas e não por qualquer efeito benéfico para a capacidade de fixação de azoto das leguminosas. Assim, os benefícios em termos de fertilidade do solo obtidos pela cultura intercalar de leguminosas com cereais não são o principal objetivo da prática, devendo antes ser considerados como uma componente dos benefícios por ela obtidos. No entanto, os rendimentos da principal cultura componente podem ser suprimidos pela leguminosa (cultura secundária), devido à competição por recursos. No entanto, também se registam vantagens de rendimento nas práticas de culturas intercalares (Graves *et al.*, 2004).

4.1.1.2. Melhoria da proteção ambiental

Um dos aspectos importantes dos sistemas de culturas intercalares é a redução da incidência de pragas e doenças. No entanto, isso pode não ser sempre verdade, pois foram observados efeitos benéficos e prejudiciais (Lithourgidis *et al.*, 2011). A cultura intercalar permite reduzir os factores de produção através da redução das necessidades de fertilizantes e pesticidas, o que diminui o risco de contaminação das águas superficiais ou subterrâneas em caso de chuva forte imediatamente após a aplicação (Lithourgidis *et al.*, 2011). Deste modo, minimiza-se a utilização de pesticidas químicos que, de outro modo, afectam ou poluem o ambiente.

4.1.1.3. Melhoria da fertilidade do solo

A consorciação melhora a fertilidade do solo porque as leguminosas consorciadas com cereais podem enriquecer o solo ao fixar o azoto atmosférico, transformando-o de uma forma inorgânica em formas disponíveis para absorção pelas plantas. O azoto fixado através de métodos biológicos pode suprir parcial ou totalmente a procura de azoto (Lithourgidis *et al.*, 2011).

Os resultados experimentais indicaram que a plantação de *Mucuna* com milho é capaz de manter os níveis de fertilidade do solo em N e OC, Ca, pH e P, o que foi conseguido principalmente através de uma grande produção de biomassa de cerca de 10-12t ha^{-1} e grandes quantidades de N (cerca de 300 N Kg ha^{-1}) sendo contribuído através desta biomassa, embora apenas uma proporção deste representa uma adição líquida ao sistema através da fixação de azoto (Graves *et al.*, 2005).

4.1.1.4. Melhoria do rendimento das culturas

Diversos trabalhos de investigação revelaram o papel da cultura intercalar na melhoria do rendimento das culturas (Odihiambo e Ariga, 2001; Al-Dallian, 2009). Por exemplo, Odihiambo e Ariga (2001), relataram em Embawi, no oeste do Quénia, um efeito significativo da cultura intercalar de milho com feijão na infestação de ervas daninhas striga e no rendimento. Além disso, Sangakkara (2003) também relatou uma melhoria significativa de 32% do rendimento através da cultura intercalar, em comparação com o controlo. Os resultados da investigação na Jordânia também revelaram a superioridade do rendimento do milho consorciado com batata (LER= 1,43 -1,55) em comparação com o rendimento da cultura única (LER=1) (Al-Dallian, 2009). Por outro lado, Graves *et al.* (2004) também indicaram que os aumentos de rendimento através da cultura intercalar de leguminosas com cereais nem sempre são alcançados.

4.1.1.5. Estabilidade ecológica

Os ecologistas dizem-nos que os sistemas naturais estáveis são tipicamente diversos, contendo muitos tipos diferentes de plantas, artrópodes, mamíferos, aves e microorganismos. Nos sistemas estáveis, os surtos graves de pragas são raros, porque existem controlos naturais para reequilibrar automaticamente as populações. A plantação de misturas de culturas, que aumentam a biodiversidade das culturas, pode tornar os ecossistemas agrícolas mais estáveis, reduzindo assim os problemas de pragas (Sullivan, 2003).

Além disso, Lithourgidis *et al.* (2011) indicaram que a cultura intercalar de plantas compatíveis promove a biodiversidade ao proporcionar um habitat para uma variedade de insectos e organismos do solo que não estariam presentes num ambiente de cultura única, o que também aumenta a estabilidade do ecossistema. Em suma, a cultura intercalar é a melhor prática no que respeita à criação de um ecossistema natural mais estável.

4.1.1.6. Intensificação da produção vegetal por unidade de terra

É possível intensificar a produção de culturas por unidade de terra, melhorando assim a eficiência do uso da terra. Assim, é possível melhorar também a captação e utilização da radiação ao longo do tempo através da consorciação de espécies de curta e longa duração, o que, por sua vez, pode resultar numa produção mais eficiente de biomassa ou no aumento da proporção de biomassa dividida em rendimento (Hailu, 2015).

4.2 Agroflorestação

Agrofloresta é um nome coletivo para sistemas e tecnologias de uso da terra em que as plantas lenhosas perenes (árvores, arbustos, palmeiras, bambus, etc.) são deliberadamente utilizadas nas mesmas unidades de gestão da terra que as culturas agrícolas e/ou animais, sob alguma forma de arranjo espacial ou sequência temporal (Young, 1989). Nos sistemas agroflorestais existem interacções ecológicas e económicas entre as componentes arbóreas e não arbóreas do sistema. E diferentes práticas agroflorestais, tais como o cultivo itinerante, o pousio melhorado, a plantação de culturas herbáceas (Alleycropping), os cinturões de abrigo (quebra-ventos), as cercas vivas, as hortas caseiras, etc., foram discutidas por diferentes trabalhadores (Nair 1993; Young, 1989).

Recentemente, as alterações climáticas globais tornaram-se uma questão candente e estão a ser envidados esforços para reduzir as causas das alterações climáticas, entre as quais a redução das emissões de gases com efeito de estufa é de importância primordial. Pandey, (2007) também indicou atualmente o surgimento de provas de que os sistemas agroflorestais são práticas de gestão promissoras para aumentar as reservas de carbono acima do solo e no solo, a fim de atenuar as emissões de gases com efeito de estufa. Assim, para além da diversificação dos produtos, da fonte de rendimento e da melhoria do solo, da proteção do solo contra a erosão, podem também desempenhar um papel importante na melhoria do microclima de uma determinada área, o que, por sua vez, constitui uma estratégia ou medida de atenuação do impacto das alterações climáticas.

4.1.2. Papéis das práticas agroflorestais

As práticas agroflorestais proporcionam múltiplos benefícios ao nível do agricultor ou da comunidade em geral. Assim, os sistemas agroflorestais apoiam a produção de uma vasta gama de produtos: alimentos (culturas arvenses, legumes, produtos de origem animal, frutos, cogumelos, óleos, frutos secos e folhas); combustível (talhadia de salgueiro ou aveleira, carvão vegetal, lenha); forragens e forragens; fibras (pasta para papel, borracha, cortiça, casca de árvore e cobertura morta de aparas de madeira); madeira (para construção e fabrico de mobiliário); gomas e resinas; materiais para colmo e sebes (estacas, estacas e esteios); materiais de jardinagem (paus de ervilha, varas de feijão, cercas, barreiras); produtos artesanais (corantes naturais, cestaria, arranjos florais); recreação (agroturismo, desporto, caça) (Smith, 2010).

Nas regiões onde a revolução verde não conseguiu fazer mossa ou progredir devido à falta de fertilidade do solo, a agro-silvicultura pode ser promissora. Um caminho útil, complementar aos fertilizantes químicos, para aumentar a fertilidade do solo é através da agro-silvicultura (Pandey, 2007).

Além disso, Nair (1993) indicou que, em todo o continente africano, os agricultores utilizam quebra-ventos para proteger as culturas, as fontes de água, os solos e as povoações nas planícies e nas terras agrícolas suavemente onduladas. As sebes de Euphorbia tirucalli protegem os campos de milho e as povoações nas savanas secas da Tanzânia e do Quénia. Filas altas de casuarinas alinham milhares de canais e campos irrigados no Egipto. No Chade e no Níger, cinturas de proteção multiespecíficas protegem vastas extensões de terrenos de cultivo da desertificação.

As diferentes práticas agroflorestais, como a horticultura arbórea de vários andares, as combinações de culturas perenes lenhosas, os jardins arbóreos de vários andares, as culturas intercalares de sebes, os quebra-ventos e as cinturas de proteção constituem um método importante para reduzir a erosão. A função das árvores e dos arbustos no sistema agroflorestal é aumentar diretamente a cobertura do solo, através da folhada e das podas, fornecer barreiras de sebes parcialmente permeáveis, levar ao desenvolvimento progressivo de socalcos, através da acumulação de solo a montante das sebes e aumentar a resistência do solo à erosão, através da manutenção da matéria orgânica, e a sua utilização suplementar é estabilizar as estruturas terrestres através dos sistemas radiculares, fazer uso produtivo da terra ocupada por trabalhos de conservação (Young, 1989)

Sabe-se também que as práticas agroflorestais melhoradas desempenham um papel importante na obtenção da segurança alimentar. Por exemplo, os resultados de uma investigação na Tanzânia indicaram que a agroflorestação melhorada assegurava alimentos suficientes ao longo do ano para 40% dos agregados familiares, enquanto as práticas tradicionais apenas o faziam para 18% dos agregados familiares, mesmo que estes cultivassem principalmente culturas alimentares (Reyes, 2008).

As árvores agroflorestais fornecem a energia e os requisitos nutritivos da dieta local. Nair, (1993) relatou que as árvores de fruto como a goiaba, o rambutão, a manga e o mangostão, e outras árvores produtoras de alimentos como a moringa olifera e a Sesbania grandiflora, dominam as hortas domésticas asiáticas, as árvores indígenas que produzem vegetais de folha (ptrocarpus spp.), frutos para cozinhar (Dacroydes edulis) e condimentos (Pentacclethra macrophylla), dominam as explorações agrícolas compostas da África Ocidental. Os produtos destas árvores fornecem frequentemente uma proporção substancial das necessidades energéticas e nutritivas da dieta local.

De um modo geral, o sistema fechado da agrossilvicultura permite a reciclagem interna de nutrientes através do acesso aos nutrientes dos horizontes inferiores do solo pelas raízes das árvores e do seu retorno ao solo através da queda das folhas. Assim, os sistemas agroflorestais aumentam os reservatórios de nutrientes do solo e a sua renovação e reduzem a dependência de factores de produção externos (Smith, 2010).

Assim, os materiais provenientes da componente arbórea são reciclados, melhorando a fertilidade do solo e contribuindo para o controlo da erosão, como se pode ver na figura seguinte.

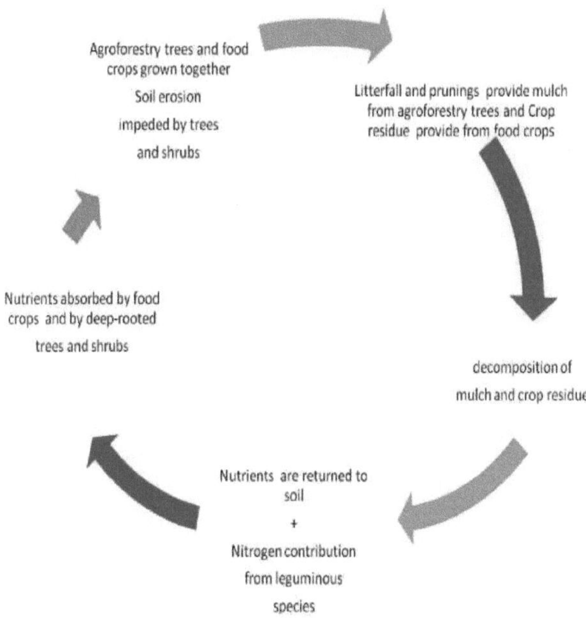

Figura 2. Ciclo de nutrientes e controlo da erosão em sistema agroflorestal modificado e adotado de < http : //www.gardenorganic.org.uk/pdfs/international program me/GreenMan.pdf>>

Embora existam muitas práticas agroflorestais que oferecem diferentes benefícios aos agricultores, algumas das práticas agroflorestais mais relevantes para este trabalho, como o pousio melhorado e o cultivo de alevinos, serão discutidas neste trabalho em detalhe.

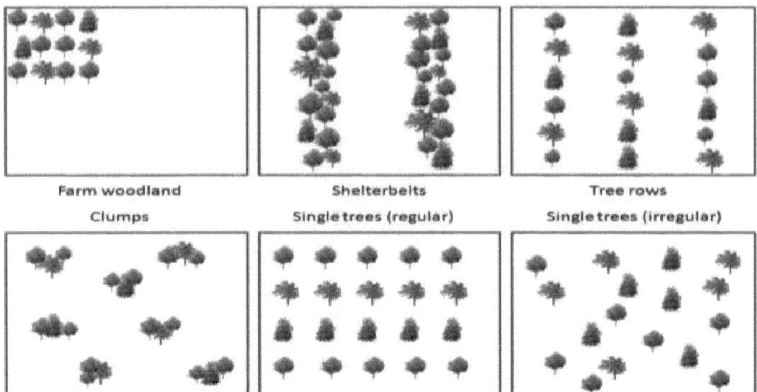

Figura 3. Vários arranjos espaciais de árvores agro-florestais adaptado de Smith, 2010

4.1.3. Melhoria do pousio

Um pousio melhorado é uma das práticas agroflorestais de um sistema rotativo que utiliza espécies arbóreas preferidas como espécies de pousio (em oposição à colonização por vegetação natural), em rotação com culturas cultivadas como no cultivo tradicional itinerante. A razão para a utilização de tais árvores é a produção de um produto económico ou a melhoria da taxa de melhoramento do solo, ou ambos. Assim, uma espécie ideal de pousio seria uma que crescesse rápida e eficientemente, absorvendo e reciclando os nutrientes disponíveis dentro do sistema, encurtando assim o tempo necessário para restaurar a fertilidade. Para além de melhorar o solo

qualidades, a necessidade de produtos económicos a partir das árvores também é agora reconhecida. Os mais claramente estabelecidos incluem as espécies que são identificadas principalmente pelos agricultores *(Acasia albida)*, bem como as seleccionadas e melhoradas pelos cientistas (por exemplo, *Leucaena leucocephala)* (Nair, 1993).

O pousio arbóreo melhorado destina-se a melhorar a fertilidade do solo, tal como a cultura itinerante, mas com o pousio arbóreo constituído por espécies plantadas, seleccionadas pela sua capacidade de enriquecimento do solo ou pelos seus produtos úteis. Além disso, espera-se também que o pousio melhorado tenha um efeito semelhante ao das culturas itinerantes no controlo da erosão durante o pousio, mas com o perigo de uma erosão substancial e a perda associada de carbono e nutrientes durante o período de cultivo. Além disso, indica-se que o pousio melhorado pode ter benefícios semelhantes ou superiores aos do pousio natural em culturas itinerantes, mas não há provas de investigação (Young, 1989).

4.1.3.   Cultivo em becos

Hodge *et al.* (1999) descreveram a cultura em faixas como uma prática agroflorestal destinada a colocar árvores em sistemas agrícolas de terras cultivadas. O objetivo é aumentar ou acrescentar diversidade de rendimentos (tanto a longo como a curto prazo), reduzir a erosão eólica e hídrica, melhorar a produção agrícola, melhorar a utilização de nutrientes, melhorar o habitat da vida selvagem ou a estética, e/ou converter terras de cultivo em floresta. Esta prática é especialmente atractiva para os proprietários que pretendam acrescentar estabilidade económica ao seu sistema agrícola, protegendo simultaneamente o solo da erosão, a água da contaminação e melhorando o habitat da vida selvagem.

Na cultura em faixas, geralmente as leguminosas que podem ser utilizadas como adubo verde quando podadas são utilizadas para substituir a prática do pousio, uma vez que as leguminosas podem melhorar o solo enquanto a terra está a ser cultivada. Assim, as leguminosas são podadas antes da plantação periódica da cultura para evitar o sombreamento e para aplicar as folhas podadas para serem utilizadas como adubo verde para melhorar a fertilidade do solo e permitir que a terra seja cultivada durante um longo período de tempo (Graves *et al.*, 2004).

Figura 4. Numa prática de cultura em faixas, uma cultura agrícola é cultivada simultaneamente com uma cultura arbórea de longo prazo para proporcionar um rendimento anual enquanto a cultura arbórea amadurece, adotado de Hodge *et al.*, 1999.

4.2.3.1. Benefícios da cultura em faixas

A cultura em faixas de terreno oferece enormes benefícios aos agricultores. Por exemplo, os investigadores que realizaram pesquisas em muitos países tropicais indicaram que a plantação de sebes (alleycropping) é a prática mais eficaz no controlo da erosão (Nair, 1993; Young, 1989).

Para além disso, Nair (1993) indicou que uma das premissas mais importantes da cultura em faixas é o facto de a adição de cobertura vegetal orgânica, especialmente a rica em nutrientes, ter um efeito favorável nas propriedades físicas e químicas do solo e, consequentemente, na produtividade das culturas. Ele também indicou a existência de resultados promissores no que diz respeito à melhoria do rendimento com a prática de cultivo em aléias.

4.2. Culturas de cobertura e adubos verdes

As culturas de cobertura são simplesmente plantas, geralmente gramíneas e/ou leguminosas específicas anuais, bienais ou perenes, que crescem e cobrem a superfície do solo (Card, 2011). Por outro lado, as culturas de adubo verde são culturas que são cultivadas e lavradas no solo enquanto este está verde (Card, 2011).

De acordo com Monegat, (1991), a seleção de culturas de cobertura/adubo verde deve ter e deve ser considerada na sua seleção o seguinte

> Crescimento rápido e boa cobertura do solo nas condições edafoclimáticas prevalecentes.

> Produção de uma grande quantidade de massa verde e seca, das partes aéreas e das raízes. - Decomposição lenta da matéria seca produzida.

Além disso, o adubo verde/cultura de cobertura ou uma combinação de ambos tem um elevado potencial de produção de biomassa e, por conseguinte, é considerado o único meio prático e económico de manter e/ou aumentar os níveis de matéria orgânica do solo (Florentin *et al,* 2010).

As culturas de adubo verde/cobertura têm diferentes hábitos de crescimento, duração e características. Os diferentes tipos de culturas de adubo/cobertura verde, incluindo a ervilha-de-angola (Cajanus cajan L. Millsp.), a mucuna de semente cinzenta (Mucuna pruriens = Stizolobium cinereum), o feijão-caupi (Canavalia ensiformis L. DC), Mucuna anã (Mucuna pruriens = Stizolobium deeringianum Bort.), Sunnhemp (Crotalaria juncea L.), Milheto (Pennisetum americanum L.), Sorgo forrageiro (Sorghum sp.), Lablab (Lablab purpureus L., ou Dolichos lablab L.), amendoim forrageiro (Arachis pintoi L.), anil rasteiro (Indigofera endecaphylla L.), tefrosia (Tephrosia tunicata L., Tephrosia candida L.), Leucaena (Leucaena leucocephala L. de Wit), Aveia preta (Avena strigosa Schreb), Tremoço branco (Lupinus albus L.), Rabanete (Raphanus sativus L. var. oleiferus Metzg), ervilhaca peluda (Vicia villosa Roth), centeio (Secale cereale L.) e girassol (Helianthus annuus L.) (Florentin *et al,* 2010). Por conseguinte, dependendo da sua disponibilidade e adaptabilidade ao ambiente específico, é possível escolher entre elas.

4.3.1. Escolha da cultura de cobertura e dos adubos verdes

No que diz respeito à seleção de culturas de cobertura para uma determinada área, na medida em que qualquer cultura de cobertura se pode adaptar aos limites do clima e do solo existentes, as características mais importantes para a seleção são o vigor de estabelecimento, a persistência até ao fim do período requerido e a facilidade de erradicação para dar lugar à cultura seguinte, ou seja, a cultura principal. Por exemplo, em muitas regiões tropicais, onde existem solos secos e empobrecidos, que necessitam de culturas de cobertura, a escolha de culturas de cobertura restringe-se a espécies de leguminosas (como a luceana spp.) de crescimento baixo e difícil, devido à sua facilidade de estabelecimento e propagação, raízes profundas e perspectivas de enriquecimento do solo. As leguminosas forrageiras são geralmente muito mais resistentes e melhor adaptadas a estas condições do que as leguminosas secas (Edwards, 2005).

Além disso, uma vez que a maioria dos genótipos de leguminosas parece estar adaptada a condições biofísicas bastante restritas e, por conseguinte, os genótipos de leguminosas para fins de culturas de cobertura devem ser adaptados a ambientes específicos para serem bem sucedidos (Groves *et*

al., 2005). Assim, a seleção crítica de variedades mais adaptadas ao local de interesse é vital para o sucesso da prática.

As gramíneas tolerantes à seca podem ser cultivadas onde a cobertura a longo prazo é apropriada ou onde a erosão é uma ameaça grave. Para este efeito, espécies como chloris sp. e Cynodon sp. têm-se revelado valiosas (Edwards, 2005).

4.3.2. Papel das culturas de cobertura e dos adubos verdes

As culturas de cobertura e de adubo verde desempenham muitas funções na agricultura. As culturas de cobertura protegem a superfície do solo da erosão eólica e as raízes das culturas de cobertura podem manter o solo no lugar contra a erosão hídrica durante chuvas fortes (Card, 2011). As culturas de cobertura e de adubo verde também podem melhorar o teor de matéria orgânica, o estado de N do solo, a humidade do solo e o controlo de ervas daninhas (Bunch, 2012).

Por outro lado, a adoção de culturas de cobertura ou de adubos verdes tem algumas desvantagens que incluem: o custo de oportunidade da terra, resultados lentos, condições de crescimento difíceis (precipitação extremamente baixa ou irregular) e problemas da estação seca (Bunch, 2012).

4.3.2.1. Melhoria da matéria orgânica do solo

As culturas de cobertura aumentam o teor de matéria orgânica, o que contribui para melhorar a estrutura do solo (Singer *et al.*, 2005: Edwards 2005; Bunch, 2012). A disponibilidade de nutrientes do solo para as culturas, incluindo os fornecidos por fertilizantes químicos, pode ser melhorada como resultado da melhoria da matéria orgânica através da plantação de culturas de cobertura ou de adubos verdes. Particularmente, no caso do fósforo, em solos ácidos, o fósforo pode tornar-se quatro a cinco vezes mais disponível para as plantas quando rodeado de matéria orgânica (Bunch, 2012).

4.3.2.2.   Redução da erosão do solo

As culturas de cobertura encontram-se tanto em espécies monocotiledóneas como em espécies dicotiledóneas. O primeiro grupo botânico, que compreende sobretudo cereais e gramíneas, é duplamente útil no controlo da erosão do solo, porque, para além do papel direto da sua vegetação na proteção da superfície do solo contra a desagregação dos agregados pelo impacto das gotas de chuva, o seu sistema radicular fibroso prende o solo, aumentando assim a sua resistência ao arrastamento para o escoamento superficial. Por outro lado, os atributos de proteção do solo de um coberto de dicotiledóneas devem-se, em grande parte, à natureza de folha larga deste grupo de plantas, especificamente ao seu sistema caraterístico de folhas sobrepostas, orientado para a intercalação da precipitação e para a minimização dos salpicos (Edwards, 2005).

Singer *et al.* (2005) também indicaram o papel das culturas de cobertura, especialmente as culturas de pequenos cereais, na redução da erosão. Assim, no Iowa, num estudo de três anos, as culturas de cobertura de centeio, semeadas em soja de plantio direto, reduziram a erosão inter-grelhas em 54% e a erosão das grelhas em 90%, em comparação com o plantio direto sem culturas de cobertura.

As culturas de cobertura de aveia reduziram a erosão inter-grelhas e a erosão em sulcos em 26% e 65%, respetivamente. Da mesma forma, indicaram que as culturas de cobertura de centeio reduziram as perdas de nitrato em 96%, enquanto as culturas de cobertura de aveia reduziram as perdas em 75%.

4.3.2.3. Melhoria da qualidade e da fertilidade do solo

As culturas de cobertura contribuem para a melhoria da qualidade do solo principalmente através da sua decomposição pelos micróbios do solo. Os produtos da decomposição, embora geralmente contribuam para o solo de duas formas específicas, ou seja, através do condicionamento físico do solo e do aumento da fertilidade. O grau de enriquecimento depende da quantidade e da qualidade da biomassa da cultura de cobertura. As plantas ou partes de plantas ricas em celulose degradam-se mais rapidamente do que se fossem lenhosas, como é a natureza das gramíneas maduras. Assim, as porções folhosas do sistema de rebentos degradam-se muito mais rapidamente (Edwards, 2005).

4.3.2.4. Melhorar a humidade do solo

As culturas de cobertura ou adubos verdes adicionam matéria orgânica ao solo, o que aumenta a infiltração de água no solo e aumenta a capacidade de retenção de água do solo (Bunch, 2012). Por exemplo, numa experiência realizada durante uma seca no sul das Honduras, o milho fertilizado com adubo químico morreu um mês depois da seca, o milho fertilizado com estrume animal morreu cerca de dois meses mais tarde, e o milho fertilizado com grão de bico ainda conseguiu produzir uma colheita bastante pequena (Bunch, 2012).

4.3.2.5.   Aumento da fixação de azoto

Na maioria dos casos, as culturas utilizadas como cobertura ou adubo verde são leguminosas e têm a capacidade de melhorar o estado do azoto no solo através da fixação de azoto (Florentin *et al*, 2010; Bunch, 2012). As leguminosas, inoculadas com as suas bactérias *Rhizobium* específicas, retiram o azoto do ar (presente no solo) e armazenam-no nos seus tecidos vegetais através de nódulos nas raízes da leguminosa. Parte deste azoto fica disponível quando as raízes morrem, mas a maior parte fica disponível quando a leguminosa é lavrada (adubo verde) (Card, 2011).

4.3.2.6.   Controlo de ervas daninhas

As culturas de cobertura desempenham um papel importante na supressão de ervas daninhas (Singer *et al.*, 2005; Florentin *et al*, 2010; Bunch, 2012). Além disso, a utilização de adubos verdes/plantas de cobertura também pode proporcionar vantagens económicas adicionais para o agricultor, poupando mão de obra para a sacha e reduzindo a utilização de herbicidas para o controlo de ervas daninhas, diminuindo os custos de produção, o que, de outra forma, implicaria a perda total da cultura (Florentin *et al*, 2010).

Em África, uma erva daninha particularmente nociva é a striga *(Striga hermonthica)*, que pode reduzir significativamente os rendimentos do milho, sorgo e painço, e é uma grande preocupação para os agricultores em áreas com baixa fertilidade do solo. Por conseguinte, o controlo da Striga pode ser possível se for adicionada uma quantidade suficiente de biomassa ao solo se forem plantadas culturas de cobertura ou verdes nesses campos (Bunch, 2012).

4.3.2.7.   Melhoria do rendimento

As culturas de cobertura/estrume verde melhoram o rendimento das culturas. Diferentes investigadores relataram melhorias no rendimento devido à utilização de culturas de cobertura/estrato verde (Dreyfus *et al.*, 1985; Sangakkara *et al.*, 2003). Por exemplo, Dreyfus *et al.* (1985) indicaram nos seus resultados de dois anos consecutivos obtidos pela cultura intercalar de S. rostrata com arroz para utilização como adubo verde em Djibelor, Senegal, que a utilização de **S.** *rostrata como adubo* verde duplicou os rendimentos de grão em comparação com as parcelas de controlo, o que se deveu às grandes entradas de azoto no solo resultantes da incorporação de S. *rostrata*: os rebentos são responsáveis pela maior parte do aumento do rendimento do arroz. No entanto, não se deve ignorar dois efeitos secundários deste adubo verde. Sangakkara *et al.* (2003) também relataram um impacto benéfico significativo da incorporação dos adubos verdes na biomassa do milho três semanas mais tarde.

4.4. Gestão integrada de nutrientes (GIN)

A gestão integrada de nutrientes é um aspeto da agricultura sustentável, que implica a utilização de diferentes tipos de medidas de gestão da fertilidade do solo, tanto orgânicas (naturais) como inorgânicas (adubos artificiais). Assim, é uma prática que mantém o solo como um armazém de nutrientes para as plantas, de modo a que estas obtenham uma quantidade suficiente de nutrientes e a produtividade das culturas aumente sem comprometer a fertilidade do solo no futuro. A gestão integrada de nutrientes também se baseia numa série de factores, incluindo a aplicação equilibrada de nutrientes adequados e a conservação e transferência de conhecimentos sobre práticas de gestão integrada de nutrientes para agricultores e investigadores (Grhun *et al.*, 2000).

As estratégias integradas de gestão de nutrientes dão ênfase a aspectos como a redução das perdas de nutrientes dos fertilizantes inorgânicos aplicados; a retenção de nutrientes no solo; as fontes alternativas ou suplementares de nutrientes e a gestão integrada de nutrientes em diferentes sistemas de gestão da terra (Palaniappan, 2007).

Alguns resultados de investigação efectuados por diferentes trabalhadores revelaram um efeito significativo das fontes de nutrientes orgânicos e inorgânicos no rendimento das culturas (Getachew *et al.*, 2005; Wassie e Shiferawu, 2009). Getachew *et al.* (2005), que estudaram os efeitos do fertilizante P e do estrume de quinta no feijão-frade e algumas propriedades químicas em nitossolos ácidos das terras altas centrais da Etiópia, observaram um efeito altamente significativo (P<0,001) no rendimento biológico total acima do solo e no rendimento de sementes do feijão-frade em 2003. Assim, indicaram que a aplicação de FYM a uma taxa de 4 e 8 toneladas ha-1 aumentou o rendimento de sementes de fava em 7 e 25% em 2001, 14 e 30% em 2002, 67 e 90% em 2003, respetivamente. Além disso, os rendimentos médios da fava aumentaram à medida que os níveis dos dois factores de interação aumentaram, tendo o rendimento médio mais elevado sido registado na interação de 8 toneladas de FYM ha^{-1} e 39 kg P ha^{-1} .

4.5.   Biotecnologia da vermicultura

O termo "biotecnologia" envolve uma aplicação em larga escala de biossistemas para a transformação económica e eficaz de materiais para produzir produtos de valor acrescentado. A biotecnologia da vermicultura envolve a utilização de minhocas como biorreactores naturais versáteis para a reciclagem eficaz de resíduos orgânicos não tóxicos para o solo, resultando na melhoria do solo e numa agricultura sustentável (Palaniappan, 2007).

De acordo com Aalok *et al.* (2008): A Vermitecnologia compreende três processos principais:

1. Vermicultura - criação de minhocas.
2. Vermicompostagem - biodegradação da biomassa de resíduos por meio de minhocas.

3. Vermiconversão - manutenção em massa da sustentabilidade de terrenos baldios através de minhocas.

Os produtos utilizáveis e os benefícios da vermitecnologia são a gestão da biomassa residual, a produção de proteínas animais e a redução da poluição orgânica, a conservação de terrenos baldios, a recuperação de terrenos, a produção de estrume trabalhado por minhocas, a fertilidade do solo e o aumento da produção vegetal (Aalok *et al.*, 2008).

As minhocas são invertebrados pertencentes ao filo Anelida, classe Chaetopoda e ordem Oligochaeta. Oligochaeta inclui as principais minhocas pertencentes a Megascolecidae, Lumbricidae e outras famílias. Mais de metade das espécies de minhocas do mundo pertencem a Megascolecidae. Só o género phretinia tem um grande número de espécies. Tanto os Megascolecidae como os Lumbricidae são valiosos para a agricultura e estão, por conseguinte, intimamente ligados ao bem-estar, desenvolvimento e progresso humanos. As espécies habitualmente utilizadas são Eiseria fretida, Perionyx exavatus, Lumberies rubellus, Eudrillus spp. ((Palaniappan, 2007).

A compostagem pode ser feita em poços, tanques de betão ou anéis de poço, ou em caixas de madeira ou plástico apropriadas a uma dada situação. É preferível selecionar um local de compostagem à sombra, no planalto ou a um nível elevado, para evitar a estagnação da água nos poços durante as chuvas. A vermicompostagem é preparada colocando, primeiro, uma camada basal de vermibed composta por tijolos ou seixos partidos (3-4 cm), seguida de uma camada de areia grossa até uma espessura total de 6-7 cm. Para assegurar uma drenagem adequada, segue-se uma camada húmida de 15 cm de solo argiloso. Neste solo são inoculadas 100 minhocas. Em seguida, espalham-se pequenos pedaços de cattledung (fresco ou seco) sobre o solo e cobrem-se com uma camada de 10 cm de feno. Pulveriza-se água até que todo o conjunto esteja húmido, mas não molhado. Menos água mata os vermes e demasiada água afugenta-os

(Aalok *et al.*, 2008).

Figura 5. Vermicompostagem a ser praticada (<www.worms. com/worm-pdfs/whats%20vermicomposting.pdf>)

As minhocas podem ser cultivadas em estrume de animais, excrementos de aves e vegetais e outros tipos de resíduos biodegradáveis. Assim, a excreção ou o elenco da minhoca forma o fertilizante orgânico necessário. A minhoca consome ou alimenta-se com o mesmo peso do seu corpo (0,5-0,6 g) e excreta a quantidade igual ao alimento. Da mesma forma, num hectare, se existirem 1 milhão de minhocas, elas produzem nessa área cerca de 500 kg/dia/acre. O elenco de minhocas contém todos os nutrientes na forma disponível e, além disso, uma grande quantidade de matéria orgânica é fornecida ao solo, o que o torna muito produtivo (Palaniappan, 2007).

4.6.   Rotação de culturas

A rotação de culturas consiste na plantação de culturas específicas no mesmo campo, numa ordem planeada. Por conseguinte, implica a plantação de diferentes famílias de culturas em épocas sequenciais. É considerada uma das estratégias de controlo cultural mais antigas e mais eficazes. A rotação planeada pode variar entre 2 ou 3 anos ou um período mais longo (FAO, 2017).

Em suma, existe uma variação temporal nas diferentes culturas utilizadas para a rotação de culturas. As estratégias de rotação de culturas diferem na sua conceção. A terra pode ser dividida em secções e as culturas atribuídas a locais específicos. Os locais são alterados nas épocas de crescimento seguintes. Alternativamente, todo o campo é plantado com uma espécie de cultura numa estação, seguida de uma cultivar diferente da mesma espécie ou de espécies diferentes, na estação seguinte (Acquaah, 2002).

A rotação de culturas tem uma vasta gama de benefícios. Os benefícios da rotação de culturas incluem a proteção contra a erosão, pragas e doenças, ervas daninhas, e ajuda a manter a fertilidade do solo (Acquaah, 2002; FAO, 2017).

4.7. Compostagem

A compostagem é um processo que envolve uma série de processos de decomposição de materiais residuais com a ajuda de microrganismos num ambiente quente e húmido arejado. O calor gerado durante o processo de decomposição pode ser poupado pelos resíduos reunidos numa pilha. O aumento da temperatura dos aterros favorece os processos de decomposição. Finalmente, no final do processo de decomposição, o composto ou húmus estará pronto a ser utilizado (FAO, 1987).

Os materiais residuais, tais como resíduos de plantas, resíduos de animais, resíduos de vegetais e ervas daninhas podem ser compostados. Em primeiro lugar, os materiais residuais são cortados em pequenos pedaços de 5-10 cm de tamanho e são secos até 40-50% de humidade antes de serem empilhados. Em seguida, são espalhados em camadas de 10-15 cm de espessura em covas ou em montes de 1 m de largura, 4-6 m de comprimento e 1 m de profundidade. O monte é devidamente humedecido com estrume, utilizando terra. É aspergida uma quantidade suficiente de água sobre a pilha para humedecer os materiais de compostagem até ao nível de 50% de humidade. Periodicamente, são efectuados revolvimentos, geralmente três vezes aos 15, 30 e 60 dias após o enchimento, para arejar e o material é coberto com uma fina camada de terra de cerca de 2-3 cm. No processo aeróbico de decomposição, as perdas de matéria orgânica e de azoto são grandes (40-50%) na fase inicial. O composto obtido por este método teria uma composição de 0,8% N, 0,3%P e 1,5%K2O (Palliniapa, 2007).

De acordo com Inckel et al. (2002) um bom processo de compostagem passa por 3 fases consecutivas, estas fases são

> ➢ uma fase de aquecimento (fermentação)

> ➢ uma fase de arrefecimento

> ➢ uma fase de maturação.

4.8.   Produção de composto a partir de Parthenium Weed

Também é possível fazer composto a partir de algumas ervas daninhas nocivas, como o parthenium. A compostagem do parthenium envolve o corte das plantas de parthenium em pequenos pedaços de 10 cm, utilizando um cortador de palha. Estes materiais cortados são espalhados a uma espessura de 10 cm. Sobre estes inóculos, isto é, culturas de composto (Trichoderma viridi, Fusarium sp.), espalha-se uma camada de 10 cm de espessura. Sobre esta camada, espalha-se 0,5% (5kg de ureia /t ureia de materiais cortados), o que deve ser repetido até se obter cerca de 1m de altura. Em seguida, é feito o reboco com lama. A aspersão periódica de água é feita para manter 50-60% de humidade. Depois de 3 semanas é feita uma mistura completa. Em 40-45 dias, o composto de parthenium está pronto para aplicação na produção. Este composto contém 2,49 %N, 0,73% P e 1,37% K com um rácio C: N de 21:1. O mesmo método é seguido para outras espécies de ervas daninhas (Palliniapa, 2007).

4.9.   Estrume animal

A utilização de estrume animal como fonte de nutrientes para as culturas é frequentemente uma técnica de colheita de nutrientes em que os nutrientes são recolhidos através do pastoreio numa área relativamente grande e concentrados numa área mais pequena onde as culturas são cultivadas. Mesmo quando os animais são alimentados em estábulos, os nutrientes que consomem devem ser-lhes trazidos de outro local, quer como forragem recolhida quer como concentrados comprados (Graves *et al.*, 2005).

Maruthi *et al.* (2008) referiram que a cama de aves de capoeira e o solo na proporção de 1:3 como estrume para a prática agrícola se revelaram adequados para a germinação de sementes e o crescimento de quatro vegetais de folha e podem ser utilizados com segurança como fertilizante para as culturas. Além disso, indicaram que a utilização de camas de aves de capoeira como estrume ajuda a reduzir os resíduos sólidos na fonte e os problemas de saúde gerados pela eliminação indiscriminada de camas serão reduzidos.

4.10. Gestão integrada das pragas (IPM)

A gestão integrada das pragas (IPM) é uma abordagem sustentável da gestão das pragas que combina ferramentas biológicas, culturais, físicas e químicas de forma a minimizar os riscos económicos, sanitários e ambientais (Ebesu, 2003).

De acordo com Acquaah (2002), a proteção integrada é uma estratégia de proteção que combina os princípios de outros sistemas de proteção, mas com menor ênfase na utilização de produtos químicos, para reduzir as populações de pragas para níveis inferiores aos que podem causar perdas económicas. Nesta abordagem de gestão de pragas, todas as estratégias e métodos são utilizados de forma adequada. Mais importante ainda, a utilização de pesticidas é reduzida ao mínimo indispensável, e não é o primeiro mas o último recurso para minimizar o risco de pragas para o utilizador e o ambiente e para a gestão económica das pragas agrícolas. A gestão biológica das pragas e a conservação dos recursos naturais são promovidas.

A estratégia de gestão integrada de pragas (IPM) consiste na preparação do local, na monitorização da cultura e da população de pragas, na análise do problema e na seleção de métodos de controlo adequados (Ebesu, 2003). Acquaah, (2002) indicou que as etapas do programa IPM são:

1. Identificar as pragas e os organismos benéficos
2. Conhecer a biologia da praga e a forma como o ambiente a influencia.
3. Determinar o limiar tolerável da população de pragas
4. Se for possível um prejuízo económico, selecionar o melhor método de gestão das pragas.
5. Seleccione um método de gestão de controlo de pragas que destrua as pragas sem prejudicar os organismos benéficos. Considere primeiro os métodos culturais, por exemplo, usando cultivares resistentes, alterando o tempo de plantação e fornecendo nutrição suplementar.
6. Desenvolver um calendário de controlo das pragas
7. Avaliar o método de gestão das pragas e efetuar os ajustamentos adequados.

O conceito de gestão integrada das pragas (GIP) tem um papel importante a desempenhar no reforço da sustentabilidade agrícola, especificamente no que diz respeito às pragas de insectos (às quais foi aplicada a maior parte dos esforços até à data), às ervas daninhas (que receberam relativamente pouca atenção da GIP) e às doenças das plantas e dos animais (Weil, 2003).

5.   PERSPECTIVAS FUTURAS

A população mundial está a crescer a um ritmo mais rápido e a situação é mais grave na maior parte do mundo, especialmente nos países em desenvolvimento como a África. Há necessidade de melhorar a produção agrícola nestas áreas do mundo, o que não seria possível sem melhorar a utilização de factores de produção de baixo nível, especialmente fertilizantes orgânicos, e requer a melhoria da utilização de fertilizantes inorgânicos, como discutido anteriormente.

Grhun *et al.,* (2000) também indicaram que, em contraste com os países desenvolvidos, nos países em desenvolvimento a utilização de fertilizantes inorgânicos é baixa e há menos risco de poluição ambiental. No entanto, o baixo uso de insumos resultou em um sério problema de mineração de nutrientes. Consequentemente, a redução contínua dos nutrientes das plantas pode levar a uma degradação irreversível e à infertilidade do solo, a menos que sejam tomadas medidas para melhorar a gestão do solo.

Assim, de acordo com o mesmo autor, estes passos incluem (1) testes ao solo, (2) uma cooperação e coordenação mais estreita entre agricultores e investigadores para trocar informação e disseminar tecnologias que tenham em conta as necessidades imediatas de sobrevivência dos agricultores, juntamente com os requisitos a longo prazo da fertilidade do solo e da sustentabilidade agrícola, (3) encorajar os serviços de extensão e as ONG a prestarem atenção às questões relacionadas com o solo, (4) promover uma utilização mais produtiva dos nutrientes orgânicos, e (5) promover métodos de cobertura vegetal para conservar a humidade e os nutrientes do solo.

A dependência apenas de tecnologias com poucos factores de produção para garantir a segurança alimentar a longo prazo não será bem sucedida. Além disso, para além da aplicação criteriosa de fertilizantes inorgânicos para reduzir a poluição ambiental, os governos devem tomar as medidas necessárias para facilitar a utilização generalizada e responsável de fertilizantes químicos. Ao mesmo tempo, devem ser feitos todos os esforços para melhorar a disponibilidade e a utilização de nutrientes secundários e micronutrientes, fertilizantes orgânicos e práticas de conservação do solo (Grhun *et al.,* 2000). Em suma, a prática de práticas integradas de gestão de nutrientes e pragas, juntamente com diferentes tecnologias de baixo consumo, resolveria o problema da fertilidade do solo e do surto de doenças e pragas de uma forma sustentável.

Da mesma forma, no que diz respeito à utilização de produtos químicos nos países em desenvolvimento, especialmente no nosso país, há uma utilização limitada de produtos químicos para o controlo das pragas das culturas, uma vez que os pequenos agricultores utilizam, na maioria das vezes, o cultivo para o seu controlo (Beyene, 2008). Por conseguinte, embora a utilização de pesticidas não seja um problema tão grave no nosso país, deve ser dada ênfase às técnicas de gestão integrada de pragas, que evitam os problemas relacionados com a utilização de pesticidas.

6.   RESUMO E CONCLUSÃO

Apesar de a população mundial ter aumentado duas vezes nas últimas quatro décadas, as tecnologias da revolução verde, que envolveram grandes quantidades de insumos, como fertilizantes, sementes melhoradas, produtos químicos, água de irrigação, etc., contribuíram muito para o aumento da produção agrícola, resultando num aumento da percentagem da produção agrícola em diferentes partes do mundo, o que, por sua vez, também reduziu significativamente o nível de desnutrição. Contrariamente a isto, em África a situação não foi semelhante à do resto do mundo, uma vez que se verificou um grande declínio na produção total de culturas no continente durante o mesmo período, devido ao fraco acesso a insumos de alto nível, como fertilizantes, sementes melhoradas, etc., neste continente, ao contrário do que acontece nos países desenvolvidos.

No entanto, a utilização de factores de produção de alto nível, como fertilizantes e pesticidas, durante a revolução verde nos países desenvolvidos e em alguns países em desenvolvimento foi associada a impactos negativos adversos no ambiente, tanto nos ecossistemas terrestres como aquáticos, bem como a problemas de saúde humana e animal. Assim, os efeitos adversos da aplicação excessiva de produtos agroquímicos, como os fertilizantes N e P e os pesticidas, têm uma vasta gama, que pode incluir a eutrofização, que é o crescimento excessivo de algas que causam a depleção de oxigénio pelos fungos que decompõem as algas e afectam a vida no ambiente aquático, rios ou lagos, etc., e a poluição da água potável por produtos organoquímicos e outros compostos inorgânicos que causam danos à saúde dos seres humanos, como a doença do bebé azul, cancro, problemas neurológicos, defeitos de nascença, etc.

Em África e noutros países em desenvolvimento onde a oferta de fertilizantes inorgânicos é escassa, o problema relacionado com os produtos químicos deverá ser mínimo. No entanto, o problema da insegurança alimentar está a ser agravado, particularmente em África, devido à má utilização dos factores de produção agrícola, à escassez de terras devido à pressão demográfica, à extração de nutrientes, etc. Assim, a utilização integrada de fontes de nutrientes inorgânicos com fontes de nutrientes orgânicos pode beneficiar os agricultores.

Devido ao efeito adverso dos produtos químicos no ambiente, foram sugeridas diferentes abordagens, que não dependem fortemente de fertilizantes e produtos químicos, também conhecidas como tecnologias de baixo consumo e o conceito por trás da tecnologia de baixo consumo é a integração das melhores práticas científicas modernas com tecnologias e com as práticas de agricultores experientes que substituíram total ou parcialmente os insumos comprados por insumos baixos. Além disso, nos países em desenvolvimento, como a África em geral e o nosso país em particular, onde há menos acesso a fertilizantes e a produção agrícola é deficiente, a utilização judiciosa de fertilizantes químicos e orgânicos de forma integrada foi sugerida por muitos trabalhadores, tal como referido em partes anteriores.

Mais importante ainda, a questão principal não é saber qual é a abordagem correcta (a abordagem de baixo nível de insumos ou a abordagem de alto nível de insumos), mas sim responder à procura de alimentos da crescente população mundial, especialmente através da adoção de tecnologias que possam aumentar a produção agrícola, reduzindo simultaneamente os riscos ou os efeitos nocivos para o ambiente. Além disso, nos países desenvolvidos, é necessária uma otimização da utilização de produtos químicos. Por conseguinte, é necessária uma integração cuidadosa das diferentes opções tecnológicas para aumentar a produção agrícola sem danificar a base de recursos e sem afetar o ambiente.

Há histórias de sucesso com a adoção de tecnologias com poucos factores de produção, como a adoção da gestão integrada de pragas nas Filipinas, a prática de culturas de retransmissão "Muccuna" nas Honduras e a transformação completa de uma agricultura com muitos factores de produção para uma agricultura com poucos factores de produção em Cuba. Apesar disso, a adoção destas tecnologias pode ser condicionada por diferentes factores socioeconómicos e biofísicos. Independentemente das condições biofísicas que afectam a adoção de uma determinada tecnologia, vale a pena mencionar questões socioeconómicas como a disponibilidade de mão de obra, a dimensão da terra e os benefícios económicos; por exemplo, no nosso país, nas zonas montanhosas, várias técnicas com poucos factores de produção, como as culturas de cobertura e a incorporação de resíduos de culturas, estão relacionadas com a disponibilidade de mão de obra e a dimensão da exploração agrícola. Além disso, este facto pode estar relacionado com um serviço de extensão deficiente ou com problemas institucionais ou estruturais.

Assim, as opções tecnológicas sugeridas neste documento de revisão incluem diferentes tecnologias de baixo consumo que foram testadas quanto à sua eficácia, como a consociação de culturas, práticas agroflorestais como a cultura em faixas, culturas de cobertura e adubos verdes, rotação de culturas, gestão integrada de nutrientes, gestão integrada de nutrientes, compostagem, vermicompostagem, etc. E proporcionam enormes benefícios à comunidade e são práticas ecologicamente correctas e economicamente viáveis na maioria das vezes.

No entanto, a direção futura no que diz respeito à utilização das opções tecnológicas depende do contexto do país. Assim, na maioria dos países desenvolvidos, deve ser dada ênfase à minimização dos riscos associados ao uso excessivo de agroquímicos através da otimização da aplicação química e deve ser dada mais ênfase à utilização de tecnologias de baixo consumo. Por outro lado, nos países em desenvolvimento como a Etiópia, onde o acesso aos fertilizantes é deficiente, deve ser dada ênfase à integração de medidas orgânicas e inorgânicas de melhoramento dos solos para melhorar a fertilidade dos solos de forma sustentável e aumentar a produção de alimentos para alimentar a população em crescimento alarmante. Além disso, no nosso país, uma vez que a utilização de tecnologias de alto rendimento, como fertilizantes, pesticidas e sementes melhoradas (que são vitais para aumentar o rendimento das culturas) é muito reduzida, temos de melhorar a nossa utilização de factores de produção e integrá-la noutras tecnologias de baixo rendimento, como a aplicação de estrume ou composto, para melhorar o solo de forma sustentável e aumentar o rendimento das culturas para mais do dobro. Também deveria haver uma política que proibisse a utilização excessiva de agroquímicos e melhorasse o acesso aos países pobres em desenvolvimento.

Por último, a questão mais importante a abordar é a de saber como alimentar a população mundial em crescimento, quer a tecnologia seja de baixo nível de factores de produção ou de alto nível de factores de produção. Apesar dos problemas associados à aplicação excessiva de produtos agroquímicos, estes desempenham um papel importante no aumento da produtividade das culturas. Assim, em países em desenvolvimento como a Etiópia, onde a utilização de factores de produção é baixa, é necessário melhorar a quantidade e a aplicação criteriosa dos mesmos. Além disso, é necessário dar ênfase à integração dos fertilizantes inorgânicos com os fertilizantes orgânicos para melhorar de forma mais sustentável a produtividade dos solos e das culturas no país. Além disso, os agricultores de subsistência que não podem pagar fertilizantes devem adotar insumos de baixo nível, como composto, estrume animal, rotação de culturas, etc., para garantir a segurança alimentar e devem receber um forte serviço de extensão.

REFERÊNCIA

Abdollahi, M., Ranjbar, A. Shadnia,S. Nikfar, S. Rezaie, A. 2004. Pesticidas e stress oxidativo: uma revisão. *Med Sci Monit* 10(6): 141-147.

Acquaah, G. 2002. Principles of Crop Production: Theory, Techniques, and Technology. Prentice-Hall, Índia.

Al-Dallan, S. A. 2009. Efeito do cultivo intercalar de milho Zea com batata Solanum tuberosum, L. no crescimento da batata e na produtividade e rácio de equivalência de terra e milho Zea. *Agricultural Journal* 4(3):164-170.

Amede, T. Belachew, T. Geta, E. 2001. Revising the degradation of arable land in the Ethiopian highlands (Revisão da degradação das terras aráveis nas terras altas da Etiópia). Managing Africa's Soils, 23:23.

Ano, A.O. e Ubochi, C.I. 2007. Neutralização da acidez do solo por estrume animal: mecanismo de reação. *Jornal Africano de Biotecnologia,* 6 (4): 364-368.

Beyene, T. Bezabih E. Edilegnaw, W. e Degnet, A.2008. Rural Development and Environment in Ethiopia: Prospects and Challenges; Actas da 10.[ath] Conferência Anual da Sociedade de Economia Agrícola da Etiópia. Sociedade de Economia Agrícola da Etiópia, Adis Abeba. Pp. 13.

Bunch, R. 2012. A Guide for Using Green Manure/Cover Crops to Improve the Food Security of Smallholder Farmers (Guia para a utilização de adubo verde/culturas de cobertura para melhorar a segurança alimentar dos pequenos agricultores). Banco Canadiano de Cereais, Winnipeg, Canadá.

Byrnes, B.H. 1990. Environmental effects of N fertilizer use - An overview.Fertilizer Research 26(1): 209-215 doi:10.1007/BF01048758.

Card, A. 2011. Culturas de cobertura e culturas de adubo verde. Programa Master Gardener do Colorado, Extensão da Universidade Estadual do Colorado.

Certini G.e R. Scalenghe, 2006. *Solos: Conceitos básicos e*

Desafios futuros. Universidade de Cambridge, Reino Unido.

Cocco, P. 2002. Occupational and Environmental Pesticide ExposureE to Endocrine Disruption Health Effects. Cad. Saùde Pùblica, Rio de Janeiro, 18(2):379-402.

Definir e utilizar os conceitos de agricultura sustentável Recuperado de<<http: //ageconsearch.umn.edu/bitstream/17655/1/ar8801 34.pdf>> acedido em.

Dreyfus, B. Rinaudo, G. Dommergues, Y. 1985. Observações sobre a utilização de Sesbania rostrata como adubo verde em arrozais. *MIRCENJournal,* 1:111-121

Ebesu R. 2003. Integrated Pest Management for Home Gardens: Identificação e controlo de insectos. Serviço de extensão cooperativa. Faculdade de Agricultura Tropical e Recursos Humanos. Universidade de Huwai'I em Manoa.

Edwards, L. 2005. Culturas de cobertura. Em D.H. (eds.), Encyclopedia of soils in our Environment, volume 3, Elsevier, EUA. Pp. 513.

Eyasu Elias, 2002. Percepções dos Agricultores sobre a Fertilidade do Solo

Mudança e Gestão. SOS-Sahel e Instituto para o Desenvolvimento Sustentável. 252pp.

Organização das Nações Unidas para a Alimentação e a Agricultura (FAO).1987. Soil management: compost production and use in tropical and subtropical environments, Soils Bulletin No. 56. FAO, Roma.

Florentin, M. A., Penalva M. Calegari A. Derpsch R. 2011. Adubo verde/Culturas de cobertura e rotação de culturas na agricultura de conservação em pequenas explorações agrícolas Gestão integrada das culturas Vol.12-2010 FAO, Roma.

Organização das Nações Unidas para a Alimentação e a Agricultura. 2017. Rotação de culturas. FAO, Roma.

Foth, H.D., 1990. *Fundamentals of Soil Science, 8th Edition.*
Wiley and Sons, Nova Iorque, EUA.

Garg, K. Garg, R. 2006.Ecological and Environmental Studies, Khanna Publisher, Dehli,Pp.401-408.

Getachew Aegegnehu, Amare Ghizaw e Chilot Yirga, 2002. Resposta da fava e da ervilha-de-cheiro ao fertilizante fosfatado nos campos dos agricultores em nitossolos de Wolmera Woreda, Oeste.

Graves, A. Mathews, Waldie, R. K. 2004.Low input Technology. *Avanços em Agronomia,* 82:473-541.

Adubos verdes / Culturas de cobertura
<http://www.gardenorganic.org.uk/pdfs/international program me/GreenMan.pdf>

Gruhn, P. Goletti, F. e Yudelman, M. 2000. Integrated Nutrient Management, Soil Fertility, and Sustainable Agriculture: Current Issues and Future Challenges. Instituto Internacional de Investigação sobre   Política Alimentar
Estados Unidos da América, Washington.

Hailu Gebru. 2015. Uma revisão sobre as vantagens comparativas do sistema de consórcio para o sistema de monocultura. *Jornal de Biologia, Agricultura e Cuidados de Saúde* l.5(9):1-13.

Hodge, S. H. Garrett, E. Bratton, J. 1999. Notas Agroflorestais.

Inckel, M., de Smet, P. Tersmette,T. Veldkamp T. 2002. AGRODOK 8: A Preparação e Utilização de Composto. Wageningen, Países Baixos.

Jagera, A de. Ondurub, D. Walaga, C. 2003. Facilitated learning in soil fertility management: assessing potentials of low-external-input technologies in east African farming systems. Agricultural systems.Article in Press: 2-19.

Machado, S. 2009.O consórcio de culturas tem um papel na agricultura moderna? *Jornal de conservação do solo e da água,* 64 (2): doi:10.2489/jswc.64.2.55A

Maruthi, Y.A., G. Sandeep, S.H. Chandana, K. Soumyamohan, J. Chandana,Y.

Karuna Chaitan, D. A. 2008.Feasiblity of Usage of Polutary Litter as Manure in Agricultural Practices. *Rasayan J. Chem,* 1(3): 631-635.

Menale K. Zikhali, P. 2009. Resumo da Inovação no Desenvolvimento Sustentável. A contribuição da agricultura sustentável e da gestão das terras para o desenvolvimento sustentável. Land Management and Agricultural Practices in Africa: Bridging the Gap Between Research and Farmers" Reunião do Grupo de Peritos das Nações Unidas sobre "Sustainable, Gotemburgo, Suécia, 16 e 17 de abril de 2009, Departamento de Economia da Universidade de Gotemburgo.

Monegat, C., 1991: Plantas de cobertura do solo: características e manejo em pequenas propriedades. Chapecó, Brasil. Ed. do Autor, 337 pp

Nair, R.K.1993. An introduction to Agroforestry. Kluwer Acadamic Publisher, Inglaterra, Londres. Pp. 68, 94, 123.

Odhiambo, G.D. Ariga, E. S. 2001. Efeito do cultivo intercalar de milho e feijão na incidência de striga e no rendimento de grãos. Sevenze Eastern and Southern regional maize conference 11 -15[thth] February.pp 183-186.

Oppermann, R. 2010. Impactos ambientais das práticas agrícolas. . Conferência da EBB sobre a reforma da PAC: mais verde, melhor, mais adequada? Bruxelas, 2010, 30 de novembro, Instituto de Agroecologia e Biodiversidade (IFAB).

Palaniappan, S.P. Annadurai, K. 2007. Organic farming: Theories and Practice.Pp.169-170

Pandey, D. N.2007. Multifunctional agroforestry systems in India (Sistemas agroflorestais multifuncionais na Índia). *Ciência Atual,* 92: 4.

Opções políticas para uma Agricultura mais Sustentável <<http://ageconsearch.umn.edu/bitstream/17655/1/ar880134.p df>> acedido em<12/15/2015>.

Reyes, T. 2008. Sistemas agroflorestais para meios de subsistência sustentáveis e melhor gestão de terras nas Montanhas de Usambara Oriental, Tanzânia. Dissertação académica. Fineland, Helsínquia.

Rodriguez, E. Sultan, R. Hilliker, A. 2004. Efeitos negativos da agricultura no nosso ambiente. *The Traprock,* 3: 28-32.

Saha, R.V., Mishra, K. Majumdar, B., Laxminarayana, K. e Ghosh, P.K. 2010. Effect of Integrated Nutrient Management on Soil Physical Properties and Crop Productivity under a Maize (*Zea mays*)--Mustard *(Brassica campestris)* Cropping Sequence in Acidic Soils of Northeast India. *Comunicações em Ciência do Solo e Análise de Plantas,* 41:18, 2187-2200.

Sangakkara, U.R. Richner, W. Schneider, Stamp, P. 2003.Impact of intercropping Beans (Phaseolus vulgaris L.) and Sunhemp (Crotalaria juncea L.) on growth, yields and Nitrogen uptake of maize (Zea mays L.) grown in the Humid Tropica during the minor rainy season. *Maydica,* 48: 233- 238.

Singer, J. T. Kaspar, Pedersen, P. 2005. Culturas de cobertura de grãos pequenos para milho e soja,

Smith, J. 2010. Agroflorestação: Conciliar a produção com a proteção do ambiente. A Synopsis of Research Literature.Organic Research Centre, Elm Farm, Berkshire,UK.

Intercropping em faixas. Reterivado de :<<http://www.extension.iastate.edu/publications/pm1763.pdf >>acedido em<22/11/15>.
Sullivan, P. 2003. Intercropping Principles and production practices; Agronomy systems guide.
Sustainable agriculture in developing countries constraints and possibilities <<http://www.svenskaekodemiker.selbibliotek/uppsats/jordbru k/eklof-larson-agricultural.pdf>> acedido em<6/15/20015>.

Tripp, R. 2006. Is low external input technology contributing to sustainable agricultural development Natural Resource perspective. Instituto de Desenvolvimento Ultramarino, Londres, ISSN 1356-9228.

Vermicompostagem   (<<www.worms. com/worm-
pdfs/whats%20vermicomposting.pdf >> acedido em<12/16/2009>.

Wassie Haile e Shiferaw Boke. 2009. Mitigação da acidez do solo e dos desafios do declínio da fertilidade para a melhoria dos meios de subsistência sustentáveis: Evidências da região sul da Etiópia. Actas da Conferência Nacional sobre Gestão Sustentável do Solo e Alívio da Pobreza. Adis Abeba, Etiópia, 2009, dezembro, Fórum de Utilização Sustentável dos Solos (SLUF), Instituto de Investigação Agrícola de Oromia (ORARI) e Faculdade de Agricultura da Universidade de Hawassa.

Weil R. Ray. 1990. Definindo e usando o conceito de agricultura sustentável. *Agronomy Education Journal,* 19: 126-13.

Wik M, Pingali P, Broca S. Background Paper for the World Development Report 2008: Global Agricultural Performance: Past Trends and Future Prospects. Washington, DC: Banco Mundial; 2008.

Young, A. 1989. Agroforestry for soil conservation. C.A.B International.UK, Wallingford.Pp.60.

Printed by Books on Demand GmbH, Norderstedt / Germany